U0106212

我問你答

幼兒 十萬個為什麼

生活科學篇

新雅文化事業有限公司

www.sunya.com.hk

使用說明

《我問你答幼兒十萬個為什麼》系列

分為**人體健康篇**、**自然常識篇**、**生活科學篇**和**衣食住行篇**四冊,讓爸媽帶領孩子走進各種知識的領域。爸媽在跟孩子一起閱讀這套書時,可以一問一答的形式,啟發孩子思考,提升他們的智慧!

1 先閱讀問題

2 再看看有什麼答案選項

3 最後選擇答案

4 翻到下一頁,便能知道答案

5 還有 你知道嗎?環節,告訴孩子更多延伸知識

新雅·點讀樂園 升級功能

本系列屬「新雅點讀樂園」產品之一,備有點讀功能,孩子如使用新雅點讀筆,也可以自己隨時隨地邊聽、邊玩、邊吸收知識!

「新雅點讀樂園」產品包括語文學習類、親子故事和知識類等圖書,種類豐富,旨在透過聲音和互動功能帶動孩子學習,提升他們的學習動機與趣味!

家長如欲另購新雅點讀筆,或想了解更多新雅的點讀產品,請瀏覽新雅網頁 (www.sunya.com.hk) 或掃描右邊的QR code進入 新雅·點讀樂園 。

使用新雅點讀筆，有聲問答更有趣！

啟動點讀筆後，請點選封面 ，然後點選書本上的問題、答案、解說等文字，點讀筆便會播放相應的內容。如想切換播放的語言，請點選各問題首頁右上角的 粵 普 圖示。當再次點選內頁時，點讀筆便會使用所選的語言播放點選的內容。

使用點讀筆點選 A 、 B 或 C ，便會播放相應的反應，你便知道是否答對了！

如何下載本系列的點讀筆檔案

1️⃣ 瀏覽新雅網頁(www.sunya.com.hk) 或掃描右邊的QR code 進入 新雅・點讀樂園 。

2️⃣ 點選 下載點讀筆檔案 ▶ 。

3️⃣ 依照下載區的步驟說明，點選及下載《我問你答幼兒十萬個為什麼》的點讀筆檔案至電腦，並複製至新雅點讀筆裏的「BOOKS」資料夾內。

挑戰一：天文地理篇

挑戰三：歷史文化篇

天文地理篇

粵 普
粵語 普通話

為什麼「山竹」這個颱風名字不能再使用？

A 被人取笑是中式點心「山竹牛肉」。

B 不足夠反映颱風的危險。

C 該名的颱風曾造成嚴重傷亡。

選一選，哪個小朋友答得對？

Ⓐ Ⓑ Ⓒ

9

答案C

　　2018年的超級颱風「山竹」在香港和多個國家造成嚴重破壞。如果有些颱風造成嚴重傷亡，那它的名字便不會再用，所以「山竹」這個颱風名字已退役。

你知道嗎？

　　世界氣象組織有一個颱風委員會，委員會的十四個會員，包括：中國、菲律賓、泰國、日本等等，負責決定颱風的名字。

粵語　普通話

為什麼會說風球是「掛」起來的？

A

因為掛起的衣服總被颱風吹走。

B

因為從前會在桅杆掛起風球警示。

C

「掛」字是方言，意思是移動。

選一選，哪個小朋友答得對？　Ⓐ　Ⓑ　Ⓒ

答案 B

　　從前天文台除了會用電台、電視等途徑發放颱風消息，還會在不同地點的桅杆上，懸掛代表不同級別的鐵製颱風信號，這些信號形狀各異，但也通稱「風球」，所以人們便說「掛風球」。

你知道嗎？

　　一個鐵製的風球信號大約重二十五公斤，至少要合二人之力才能掛上。自 2002 年起，天文台便不再懸掛實物風球了。

粵語

普通話

藍月代表什麼？

A

藍色的月亮

B

一個月內的
第二次滿月

C

水星

選一選，哪個小朋友答得對？

答案 B

　　當一個月中出現了兩次滿月，第二次的滿月便會稱為「藍月」。當月初的1號或2號是滿月時，在月底就有可能出現第二次滿月。藍月平均每2.5年才出現一次，所以也用來比喻罕見或不常發生的事件。

你知道嗎？

　　當空氣某些粒子使紅光和黃光散射，月光便有可能呈現不尋常的藍色，出現「藍色的月亮」，例如：森林大火後、火山爆發後等，所以月亮變色，也被人說成是不祥之兆。

粵語

普通話

香港的珊瑚有什麼特別之處？

A

種類較罕有。

B

種類較多。

C

顏色較鮮豔。

選一選，哪個小朋友答得對？

答案 B

　　全球大約有九百多種珊瑚，以珊瑚礁著名的加勒比海有大約六十多種，而香港有記錄的有八十多種，比加勒比海更多呢！此外，香港的珊瑚能夠適應較大的溫差，生命力十分頑強。

你知道嗎？

　　珊瑚不但外表漂亮，更是許多海洋生物的家，例如：海葵、八爪魚、珊瑚魚等，所以大家要保護珊瑚，減少對海洋造成污染。

為什麼香港有些山邊會有六角形岩柱？

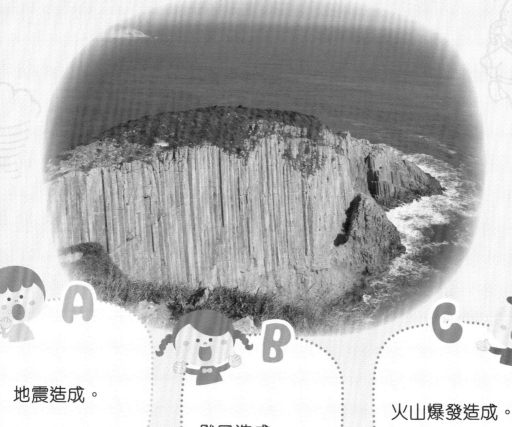

A 地震造成。

B 颱風造成。

C 火山爆發造成。

選一選，哪個小朋友答得對？

答案C

　　香港曾在一億四千萬年前發生超級火山爆發，地點在現今西貢糧船灣一帶，火山口直徑有大約二十公里。噴出的火山灰在冷卻收縮後，便形成外形獨特的六角形岩柱。

你知道嗎？

　　若想近距離觀賞這種外形獨特的六角形岩柱，可以到位於萬宜水庫東壩的「萬宜地質步道」遊覽呢！

粵　普
粵語　普通話

為什麼要在船灣建堤壩？

A 儲存飲用水。

B 生產電力。

C 防洪。

選一選，哪個小朋友答得對？

答案 A

　　以前香港的飲用水非常不足，當時水務局局長看到被羣山包圍的船灣，他便想在灣口加一條堤壩把水攔住，令船灣變成一個大水塘。

你知道嗎？

船灣淡水湖雖然是香港面積最大的水塘，但儲水量只有第二名，約 229.7 百萬立方米。儲水量第一名的，是位於香港西貢區的萬宜水庫，約 281.1 百萬立方米。

天文地理篇

粵語

普通話

為什麼澳洲學生在 11 月才放暑假？

澳洲學生自行安排在 11 月放暑假。

澳洲學校在 11 月安排較多功課。

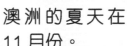

澳洲的夏天在 11 月份。

選一選，哪個小朋友答得對？ Ⓐ Ⓑ Ⓒ

答案C

　　地球分為北半球和南半球，以赤道分隔。因為地球傾斜着圍繞太陽轉，所以地球上被太陽直射的區域不斷變化。當北半球是夏天的時候，南半球正值冬天。香港和澳洲的夏天在不同月份，放暑假的月份也不同。

你知道嗎？

位於北半球的國家，例如：中國、德國、美國等，都是在六月至八月期間放暑假的；位於南半球的國家，例如：澳洲、阿根廷、南非等，一般則在十一月至二月期間放暑假。

節氣「夏至」有什麼特別？

A 當天是全年最炎熱的白天。

B 當天是全年最長的白天。

C 當天是全年最潮濕的白天。

選一選，哪個小朋友答得對？

答案 B

　　夏至是中國古人根據氣候變化而訂的節氣名稱。在夏至當天，我們位處的北半球會經歷全年最長的白天。有些古代的遺跡都與夏至有關，例如英國巨石陣，每年夏至，人們都會來到英國巨石陣，觀賞日出。

你知道嗎？

　　最長的白晝不代表這天是日出最早和日落最遲的日子。在香港，全年日出最早的日子在五月下旬至六月中，而日落最遲的日子就在六月下旬至七月上旬。

為什麼火山爆發對我們有好處？

A

有助調節地球溫度。

B

有助旅遊業發展。

C

有助耕作。

答案C

　　火山爆發後噴出的火山灰會覆蓋土地表層，火山灰含有多種營養物質，因此被火山灰覆蓋的土地會變得非常適合種植農作物。

你知道嗎？

　　雖然火山爆發對我們有好處，但它也會為人類帶來大大小小的災禍，例如：海嘯、瘟疫、影響全球的氣候等，所以火山爆發的影響跟我們息息相關！

為什麼掉進沼澤的底部，會像被吸住似的？

A 因為湖底有大量膠水。

B 因為湖底有強大的磁力。

C 因為湖底有軟化的泥土。

選一選，哪個小朋友答得對？

27

答案C

　　當人不小心掉入沼澤裏，很容易會一直往下沉，這是因為那裏經常被水淹沒，使泥土非常濕潤，土質鬆軟，因此人們無法穩固地站在沼澤上，當人們嘗試掙扎離開，反而會越陷越深。

你知道嗎？

雖然沼澤看似危險，但它也是很多動物和植物生長的地方，例如：招潮蟹、彈塗魚、紅樹林等，是很多野生動物的覓食場所，對自然生態環境很重要呢！

天文地理篇

粵語

普通話

全球最寒冷的城市在哪裏？

A 位於中國內蒙古的根河市。

B 位於俄羅斯的雅庫次克。

C 位於日本北海道的札幌。

選一選，哪個小朋友答得對？　Ⓐ　Ⓑ　Ⓒ

29

答案 B

　　在雅庫次克，多季的平均溫度會降至攝氏零下 40℃，有紀錄以來的最低溫度，更是超過攝氏零下 60℃。所以，這個地方被稱為是「全球最寒冷的城市」，乃實至名歸。

你知道嗎？

　　雅庫次克的居民早已適應了這種極度寒冷的環境，小學也只有在氣溫降到攝氏零下 45℃ 以下才會停課。

哪裏被稱為地球上的「第三極」?

A
世上最高的山，聖母峯。

B
世上最高的高原，青藏高原。

C
世上最難攀登的山，喬戈里峯。

選一選，哪個小朋友答得對？　Ⓐ　Ⓑ　Ⓒ

答案 B

　　地球的「第三極」是青藏高原，她擁有嚴寒的氣候，而且更是地球上最高的地方。作為世界上最高的高原，青藏高原又被稱為「世界屋脊」。

你知道嗎？

青藏高原的南部是著名的喜馬拉雅山脈，包含了 10 座超過 8,000 米高的山峯，當中世界第一高峯珠穆朗瑪峯也位於此地。

粵語　普通話

為什麼我們無法看見
真正的陽光？

A

因為眼睛無法
直視陽光。

B

因為眼睛有散
光。

C

因為受到時差
影響。

選一選，哪個小朋友答得對？

答案C

地球和太陽之間距離大約 1 億 5000 萬公里，太陽所發出的光線，需要大約 8 分 17 秒的時間才抵達地球。換言之，我們在地球所看到的陽光，實際上是 8 分 17 秒之前的陽光。

你知道嗎？

雖然我們能看見的是 8 分多鐘前的陽光，但光速在真空的環境下，大約每秒前行 30 萬公里，其實速度十分驚人，只是地球和太陽實在相隔甚遠，才會讓我們無法看見真正的陽光。

為什麼很少人可以參加太空旅行？

A 交通費用十分昂貴。

B 航空技術不夠安全。

C 職業是太空人才可以去。

選一選，哪個小朋友答得對？

答案 A

　　早在 2001 年，美國富商丹尼斯．蒂托自費參與了俄羅斯八天的太空飛行計劃，成為第一名太空旅客。保守估計，這趟旅程最少要花 4 億 6000 萬港元的交通費，還要支付每天大約 27 萬港元的空氣、食宿、醫療等費用，所以並非所有人能負擔得起。

你知道嗎？

　　現時，共有三間私人企業正積極推動太空旅遊的發展，分別是：維珍銀河（Virgin Galactic）、藍色起源（Blue Origin）和太空探索技術公司（SpaceX）。科技一日千里，也許不久的將來，太空旅遊或能普及化。

太空人的小便有什麼用處？

A

飲用和淋浴。

B

灌溉太空船上的植物。

C

檢查太空人的身體狀況。

選一選，哪個小朋友答得對？

37

答案 A

　　太空人想小便，就要使用特制洗手間內的黃色漏斗，裏面的風扇會轉動並吸走小便，防止尿液飄浮到空中。尿液會經過淨化成為乾淨的水，供太空人飲用和沐浴。

你知道嗎？

　　如果太空人需要大便，太空人必須對準馬桶上大概 10 厘米的開口，然後糞便會被吸進一個密封的膠袋中。糞便收集袋可以帶回地球處理，也可以扔向地球的大氣層，讓它自然燒毀。

科學家在火星發現了什麼？

A 水

B 高濃度的氧氣

C 可食用的植物

選一選，哪個小朋友答得對？

A B C

39

答案 A

　　科學家利用探測器，推測在火星南極的冰蓋下，可能有一個約 20 公里闊的地下湖存在。雖然這些湖水是鹽水，不能飲用，但這個發現告訴我們，水在火星很有可能長期存在。

你知道嗎？

　　水是人類生存不可缺少的東西，當在火星發現水的存在，有些研發太空科技的公司便開始計劃在火星上建造能自給自足的城市，嘗試實行「火星移民計劃」呢！

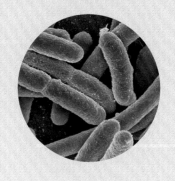

科學常識篇

為什麼唱歌可以令人身心健康？

A
唱歌時大腦會讓人感到喜悅。

B
唱歌時會流汗，能排毒。

C
唱歌能鍛煉肺部。

選一選，哪個小朋友答得對？

答案 A

　　研究指出唱歌時大腦會釋出安多酚和一種叫「催產素」的荷爾蒙，能讓人感到喜悅，使我們保持心理健康。而唱歌是一種有節奏的體內運動，刺激人體整體循環，可以讓我們把身體有害物質排除。

你知道嗎？

　　當我們傷心、憤怒的時候，體內會產生很多對健康有害的反應，例如：憂愁和沮喪時，會使胃酸分泌過多，嚴重的話更會形成胃潰瘍。所以，心理和生理會互相影響，大家要多關注呢！

為什麼有時很小的東西，我們會看成很巨大？

A 被它周邊的東西影響。

B 被它的影子影響。

C 被它的顏色影響。

選一選，哪個小朋友答得對？

答案 A

　在下面的兩幅圖，圖 A 和圖 B 的橙色圓形的大小都是相同的。我們眼睛產生圖 B 橙色圓形較大的錯覺，是因為我們看一件東西時，會受到它周圍的東西影響，這種視覺錯覺稱為「錯視覺」。

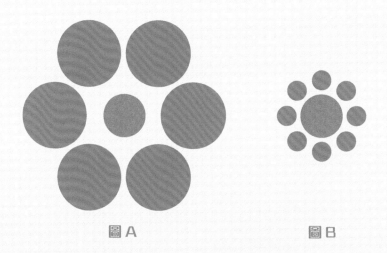

圖 A　　　　　　　　　　　圖 B

你知道嗎？

　錯視覺在我們的日常生活中經常出現，例如：人們會在面積較小的商店牆上掛上大鏡子，以擴大視野，令商店看起來較大。

科學常識篇

 粵語 普通話

為什麼不同人的眼睛會有不同顏色？

A

受血型影響。

B

受光線影響。

C

受黑色素影響。

選一選，哪個小朋友答得對？

答案C

　　亞洲人的眼睛一般是深棕色和淺棕色的，而西方人的眼睛卻有很多不同顏色，例如：藍色和綠色。眼睛看起來有不同顏色，其中一個原因是和體內黑色素有關，黑色素越多，眼睛看起來便越深色。

你知道嗎？

　　有些孩子天生兩隻眼睛的顏色不相同，醫學上會把這情況稱為「虹膜異色症」，可能是孩子在子宮中或是出生後不久的局部創傷，或遺傳疾病所導致。

粵 粵語　普 普通話

為什麼「乳酸桿菌」對我們有益？

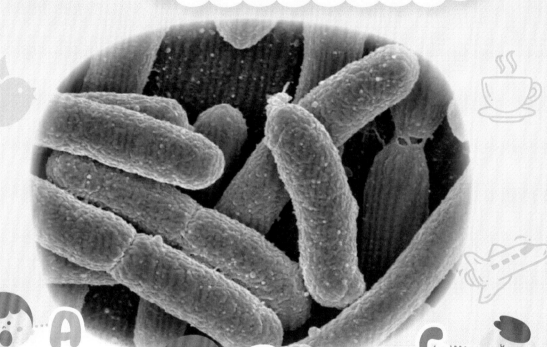

A 能讓我們變瘦。

B 能幫助消化。

C 能預防皮膚病的感染。

選一選，哪個小朋友答得對？

答案 B

「乳酸桿菌」寄生在我們的大腸內，能幫助我們消化。其實，人體內住着數以億計的細菌，它們在維持人體的生態平衡上起着非常重要的作用，對我們無害有益。

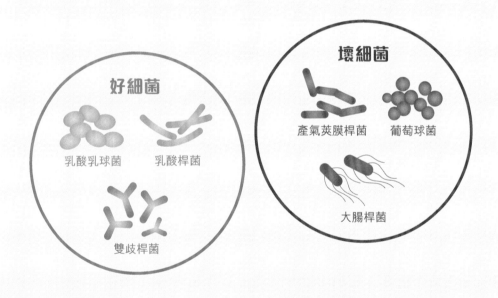

好細菌

乳酸乳球菌　　乳酸桿菌

雙歧桿菌

壞細菌

產氣莢膜桿菌　　葡萄球菌

大腸桿菌

你知道嗎？

除了乳酸桿菌，還有些細菌都對我們有用，例如能抑制部分致病細菌的「乳酸乳球菌」和能抗腫瘤和增強免疫力的「雙歧桿菌」等。

粵語　普通話

為什麼曬太陽可以使我們身體變得強壯？

A

因為可以殺菌。

B

因為可以獲取維生素 B。

C

因為可以增加體內黑色素。

選一選，哪個小朋友答得對？

答案 A

　　病菌最害怕高溫，在高溫下病菌會失去感染力。而陽光的紫外線也有這種殺菌的功用，所以在晴天的日子，我們到戶外曬太陽，可以使我們的身體變得更健康。

你知道嗎？

　　曬太陽還能讓我們身體獲得維生素 D，有助鈣質吸收，促進骨骼、牙齒健康。

捕蠅草的「嘴巴」有什麼作用？

A 用來發動攻擊，保護自己。

B 用來發出警示的聲響。

C 用來捕食。

選一選，哪個小朋友答得對？

答案 C

　　捕蠅草葉片對稱地分為兩半，形成一個「嘴巴」。葉片的邊緣長着細長刺毛，能分泌甜味來吸引昆蟲。而葉片偵察到昆蟲的觸碰，便會立即快速閉合，困住昆蟲，然後分泌出消化液將其消化。

你知道嗎？

　　除了捕蠅草，還有其他捕蟲的肉食植物，例如：豬籠草、毛氈苔和捕蟲菫等。

粵語

普通話

科學常識篇

為什麼有些昆蟲長有像眼睛的花紋？

A
用來看東西。

B
用來嚇退天敵。

C
用來吸引異性。

選一選，哪個小朋友答得對？

答案 B

　　昆蟲在食物鏈的底層，容易成為其他動物的獵物。有些昆蟲身上長有像眼睛般的假眼紋，能夠嚇退天敵，或是誤導捕食者攻擊牠們身上較不重要的地方，再乘機逃走。

你知道嗎？

　　有些昆蟲還會運用「擬態」保護自己，牠們的外形與其他事物很相似，能利用這些身體特徵來進行偽裝，避過捕食者的發現，例如看上去像一根小樹枝的竹節蟲。

為什麼蜜蜂把蜂巢建成六邊形？

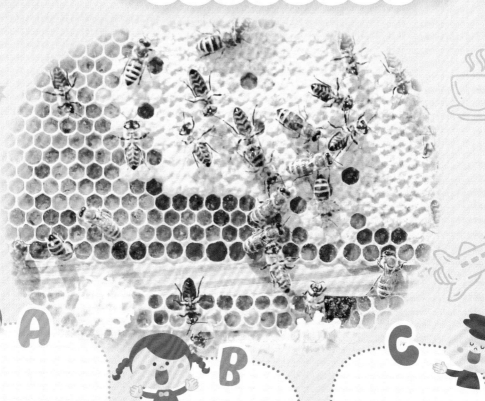

A 外觀較好看。

B 建築時間較短。

C 巢室較緊密。

選一選，哪個小朋友答得對？

答案 C

　　蜂巢裏有很多巢室供蜜蜂和幼蟲居住，如果把蜂巢建成三角形，每個巢室的空間就不夠；建成圓形，巢室間就會有空隙，不能緊貼在一起，浪費蜂蠟。所以，蜜蜂把蜂巢建成結構緊密、空間相對較大的六邊形。

你知道嗎？

　　為什麼會有人當起了養蜂人呢？這是因為有研究指出蜂蜜對人體有很多益處，例如：提升抵抗力、幫助睡眠和保養心血管等等。

科學常識篇

貓的鬍鬚有什麼用途？

A

量度闊度。

B

阻擋塵埃進入鼻腔。

C

裝飾，沒有特別用途。

選一選，哪個小朋友答得對？　ABC

答案A

　　貓鬚的寬度大概跟貓的身體闊度差不多，所以當貓的頭部穿過通道入口時，貓鬚可以幫助貓判斷是否能通過通道，而且偵測身邊氣流的變化，讓牠們可以在黑暗中行走。

你知道嗎？

　　我們也能透過貓鬚，分辨貓的心情：當貓鬚展開時，就表示貓感到輕鬆和愉快；當貓鬚往後貼向臉部時，就代表牠們可能有點不高興了。

為什麼倉鼠不能用水洗澡？

A

牠們需要細菌保持健康。

B

牠們害怕水，容易因受驚而生病。

C

牠們的毛髮沾濕後容易有寄生蟲。

選一選，哪個小朋友答得對？

倉鼠天生比較怕水，如果用水為牠們洗澡，輕則能令牠們受驚或生病，嚴重的話或許會致命。其實，倉鼠會用爪子和舔的方法為自己清潔及梳理毛髮，並不需特意替牠用水洗澡。

你知道嗎？

很多寵物洗澡的頻率不用跟人類一樣多。例如貓，牠們會用自己的舌頭來幫自己清潔。如果經常幫貓洗澡，使貓皮毛變得過於乾燥，會引發皮膚病。

為什麼人們會說牛有「四個胃」？

A 牛長有四個獨立的胃。

B 誇張地說明牛是「大胃王」。

C 牛長有四個功能不同的胃室。

選一選，哪個小朋友答得對？

63

答案C

　　牛的胃很巨大，能分成四個不同功能的胃室，分別是「瘤胃」、「蜂巢胃」、「重瓣胃」和「皺胃」。當牛吃下的草進入第二胃「蜂巢胃」，會進一步分解纖維，然後把草擠回口腔，讓牛再咀嚼和吞下，這過程叫「反芻」。

你知道嗎？

　　一頭牛每天要吃平均十公斤以上的草，可是不折不扣的「大胃王」。

 粵 粵語
 普 普通話

熊貓鳥跟熊貓有什麼相似的地方？

A 外貌

B 叫聲

C 愛吃的食物

選一選，哪個小朋友答得對？

 Ⓐ Ⓑ Ⓒ

　　白腿小隼因為全身都是黑白色的，還有一雙「黑眼圈」，跟大熊貓十分相似，所以又被稱為「熊貓鳥」。熊貓鳥個子比麻雀大一些，樣子十分可愛。

你知道嗎？

　　熊貓鳥奉行一夫一妻制，在長達 15 至 25 年的時間裏，夫妻倆會一起狩獵，哺育雛鳥。

粵　普
粵語　普通話

為什麼鯨頭鸛會向人「鞠躬」？

A

在向人類討吃。

B

在模仿人類的動作。

C

在表示威嚇和警告。

選一選，哪個小朋友答得對？

鯨頭鸛是世界上最大的鳥類，身高可達150厘米。牠們外表兇猛，但其實性情溫和。當有人在牠面前彎下腰時，牠也許不知鞠躬是一種禮貌的行為，只是牠會模仿並做出相同的動作而已。

你知道嗎？

雖然鯨頭鸛性情溫和，但飼養員也不敢輕易靠近牠們，因為牠們的鳥喙尖銳而且粗壯，甚至能吃小鱷魚或大型蜥蜴！

為什麼鳥兒沒有牙齒？

A 雙爪代替牙齒把食物撕碎。

B 舌頭代替牙齒把食物割開。

C 體內的沙子代替牙齒把食物磨碎。

選一選，哪個小朋友答得對？

答案 C

　　鳥兒從爬行動物進化到飛行動物的漫長過程中，牙齒慢慢消失。牠們進化出一套特殊的消化系統，其中胃部發展成前胃和沙囊兩部分，食物先進到沙囊，裏面的沙子會代替牙齒把它磨碎。

你知道嗎？

　　鳥類的腸道一般都很短，因為牠們這樣可以縮短食物停留在體內的時間，達到體重輕量化的目的，便利於飛行。

潛水艇的設計受什麼動物啟發？

A 魚

B 企鵝

C 鯨魚

選一選，哪個小朋友答得對？

答案 A

　　科學家觀察魚肚中的魚鰾，發現當魚鰾中充滿空氣時，魚受到的浮力會變大，牠就會浮起來；而魚把魚鰾中的空氣排出，浮力變小了，魚便可以下沉。科學家仿照魚鰾，成功製作出潛水艇。

你知道嗎？

　　船體在水中受到阻力最小的「流線型」設計，其實是模仿鯨魚的形體，這種設計大大提高了船前進的速度。

科學常識篇

粵語

普通話

為什麼飛機升降時要拉起遮光板？

A
讓人目測飛機離地的距離。

B
讓人提早適應機外的光線。

C
讓人欣賞升降時的景色。

選一選，哪個小朋友答得對？

A **B** **C**

答案 B

　　飛機在起飛和降落時較容易發生意外，為了讓人們在意外發生時及時作出應變，把遮光板拉起，機上所有人便能提前適應外面的光線，空中服務員也能透過窗外情況來評估哪個逃生門適合讓乘客疏散。

你知道嗎？

　　當飛機發生意外時，坐飛機中段位置的乘客都較前段和後段的危險，原因是它離緊急逃生出口比較遠。

科學常識篇

為什麼飛機上會有副機師？

A 副機師負責跟乘客溝通。

B 讓長途飛行的機師們輪流休息。

C 副機師是學員身份，由正機師指導駕駛。

選一選，哪個小朋友答得對？

75

答案 B

　　有些長途飛機的飛行時間長達十多個小時，所以飛機上均有正副機師各一位，讓機師輪流休息。

你知道嗎？

　　想要成為飛機師，並不容易。除了要到特定的飛行學校在校培訓和進行民航安全局的理論考試，還要有足夠的飛行時數和考取飛行醫療證書，才能考獲飛機師執照。

為什麼有些氣球飛得高，有些卻飛不起來？

A
因為氣球表面的質料不同。

B
因為氣球內的氣體不同。

C
因為空氣的情況有差異。

選一選，哪個小朋友答得對？　

答案 B

　　世界上最輕的氣體名叫「氫」，第二輕的
氣體名叫「氦」，它們都比空氣輕。所以，用
這些氣體充氣的氣球可以飛得高，而我們吹的
氣球內含有水蒸氣、唾液等，令氣球比空氣重，
所以飛不起。

你知道嗎？

　　吹氣球雖然未及做有氧運動，但吹氣球時橫膈
膜及肺部的活動和做有氧運動時相似，能鍛煉
肺活量，是較便利的鍛煉方法。

科學常識篇

為什麼電能使熨斗發熱？

A

電接觸水後會產生熱力。

B

電流能附在熨斗的鐵板上。

C

電能轉化為熱能。

選一選，哪個小朋友答得對？

答案 C

　　電可以轉化為熱能、光能等，令電器運作。
當電通過電器裏一條具有高電阻的金屬線時，
電能就會轉換成熱能，產生「電的熱效應」，
例如：暖爐、風筒、熨斗等會發熱。

你知道嗎？

　　燃燒煤炭是全球最主要的發電來源，可是在燃
燒過程中，會釋放大量的二氧化碳和其他有毒
氣體，長遠會加劇造成地球暖化的温室效應和
危害人類的健康。

什麼液體可以用作隱形墨水？

A 檸檬汁

B 酒精

C 水

答案 A

檸檬汁含碳化合物，它在一般室溫下是幾乎沒有顏色的，但加熱並與空氣接觸後，便會氧化成棕色。所以運用檸檬汁在白紙上寫下信息，在汁液完全變乾後，別人把紙張加熱，就能看到信息了。

你知道嗎？

除了檸檬汁，牛奶也可以成為隱形墨水呢！因為牛奶含大量蛋白質，蛋白質受熱後會變性，所以紙張加熱後，用牛奶寫的文字便能在紙上顯現出來。

科學常識篇

為什麼我們不可把高溫的熱水倒進玻璃杯？

A

因為杯子會變型。

B

因為杯子會釋出致癌物質。

C

因為杯子會破。

選一選，哪個小朋友答得對？

A B C

答案 C

　　當我們把熱水倒進玻璃杯時，由於「冷縮熱脹」，玻璃杯的內壁受熱後會迅速膨脹，而玻璃杯的外壁仍然處於冷卻狀態，因此它們之間的溫度差距，會導致不均勻的膨脹，使玻璃杯發生爆裂。

你知道嗎？

　　打乒乓球的時候，我們或許會不小心把球壓扁了。這時候，我們可以運用「冷縮熱脹」的原理，把球放進熱水中，便能把球變回原狀。

歷史文化篇

粵語　普通話

為什麼節氣「立秋」對古人十分重要？

A
提醒樵夫要「小心火燭」。

B
提醒農民進行收成的工作。

C
提醒漁民小心海面上刮的大風。

選一選，哪個小朋友答得對？

答案 B

　　在古代的中國，人們會以二十四節氣中的「立秋」表示秋天將要來臨，提醒農民要趕快完成插秧的工作。

你知道嗎？

　　現時，香港天文台採用「氣象季節」來劃分四季，先把一年分成四等份，即三個月為一份，再按氣候資料把最炎熱和最寒冷的三個月分別定為夏季和冬季，而分隔開兩個季節的便是春季和秋季了。

粵語　普通話

節氣「驚蟄」提醒農民要做什麼？

A 除蟲。

B 施肥。

C 休息。

選一選，哪個小朋友答得對？

答案 A

　　「驚蟄」是三月裏的一個節氣，意思是昆蟲蘇醒了。這時候沉睡了一整個冬季的昆蟲和動物開始爬出來活動。驚蟄提醒農民大地回春，有些會把農作物吃掉的害蟲都起來了，要準備除蟲的工作。

你知道嗎？

　　過了驚蟄後，下一個節氣便是「春分」了。春分這天，太陽直射赤道，這天晝夜長短會平均。這天過後，其後陽光直射位置逐漸北移，位於北半球的地方便開始晝長夜短。

古語提及未過端午節，不能做什麼事？

A

收拾冬天的衣服。

B

收拾未吃完的糭子。

C

不能互祝「快樂」。

選一選，哪個小朋友答得對？

答案 A

　　古語說道：「未吃端午糭，寒衣不可送」，意思是代表古人留意到在端午節前，天氣仍會時冷時暖，要待吃過端午節的糭子後，才算正式踏入夏季，可以把冬天的衣服收起來。

你知道嗎？

　　跟端午節相關的古語還有「家有三年艾，郎中不用來」，從前農村人會把艾草掛在門眉，艾草是中草藥，能作煙燻治療和預防疾病，所以古語便說家中收藏艾草，便不用請醫生治病。

粵語　普通話

為什麼中秋節要吃柚子？

A 柚子能驅寒。

B 柚子象徵「團圓」。

C 柚子較便宜。

選一選，哪個小朋友答得對？

答案 B

　　柚子外表圓鼓鼓的，象徵「團圓」；加上柚子和「遊子」、「佑子」的讀音相近，古時離開家鄉的遊子，會藉此寄託自己對故鄉和親人的思念之情，希望可以回家團圓。

你知道嗎？

　　月餅又稱「團圓餅」，與圓圓的月亮都有「團圓」的象徵，所以人們都會在這個節日團聚、一起吃飯。

母親節的代表花朵是什麼？

A

康乃馨

B

玫瑰

C

水仙

選一選，哪個小朋友答得對？

美國人安娜‧賈維絲 (Anna Maria Jarvis) 的母親生前一直想設立一個紀念日以安慰在戰爭中失去兒子的母親，安娜為了達成亡母的心願一直努力。終於在 1914 年，美國正式把每年五月的第二個星期日定為母親節。因為安娜的母親生前最喜歡康乃馨，所以它便成了母親節的代表花朵。

你知道嗎？

自從 1924 年美國第一個父親節開始，人們會佩帶玫瑰花以表達對父親的愛戴與敬意，所以玫瑰花是被公認的父親節之花。

什麼是「清明仔」？

A

墓地的別稱。

B

清明時節進行
拜祭的人們。

C

清明節常用的
祭祀食品。

選一選，哪個小朋友答得對？

答案C

　　「清明仔」是一種用雞屎藤蒸製而成的茶粿，是華南鄉村清明節常用的祭祖食品。因此，雞屎藤茶果又叫作「清明仔」。「清明仔」蒸煮的時候幾個黏在一起，寓意兄弟團結。

你知道嗎？

　　雞屎藤是華南地區常見的爬藤植物，從3月至清明前後生長的葉子特別鮮嫩。它對身體有解毒去濕、幫助消化等好處，是健康食品。

粵
粵語

普
普通話

發生什麼事故使人們設立「世界地球日」？

石油外洩

火山爆發

大樹倒塌

選一選，哪個小朋友答得對？

答案 A

　　1969 年，美國加州聖塔芭芭拉發生石油外洩事故，美國參議員見證了事故對海灘造成的污染，於是積極發起環保活動，並在 1970 年把 4 月 22 日定為「世界地球日」。

你知道嗎？

　　「世界地球日」大約於 1990 年走向國際，全世界有超過 193 個國家響應「地球日」，共同為守護地球環境出一分力。

粵語　普通話

「世界閱讀日」是為了
紀念哪位名人而設立？

A
魯迅

B
莎士比亞

C
雨果

選一選，哪個小朋友答得對？

答案 B

　　偉大的文學家莎士比亞就在 1616 年 4 月 23 日逝世，為了紀念他，便把「世界閱讀日」設立在 4 月 23 日，鼓勵大眾閱讀，並向大眾宣傳跟閱讀關係密切的版權意識。

你知道嗎？

　　在「世界閱讀日」，世界各地會有不同的慶祝活動，例如美國會舉行「全國詩月」的活動；而香港則會舉行「全城閱讀 10 分鐘」活動。

粵語　普通話

為什麼會設立「世界問候日」？

A 呼籲停戰，促進和平。

B 呼籲關懷身邊的老人。

C 呼籲大家禮貌地對待別人。

選一選，哪個小朋友答得對？

答案 A

　　「世界問候日」源自 1973 年中東地區的戰爭，當時為了令戰爭早日結束，澳洲的一對兄弟自費印製了大量有關問候的宣傳材料，寄給世界各國政府首腦和知名人士，向他們提出設立「世界問候日」。

你知道嗎？
　　「世界和平日」也是作為呼籲停戰，促進世界和平的節日。這是為了紀念於 1981 年成立的聯合國大會而設立的節日。

粵語　普通話

為什麼會設立「國際友誼日」？

A
呼籲停戰，促進和平。

B
呼籲各國在網上互相認識、交朋友。

C
呼籲各國人互相尊重。

選一選，哪個小朋友答得對？　

答案 C

　　聯合國在 1988 年把 7 月 30 日設為國際友誼日，目的是提醒世界各地的人不分種族、膚色或信仰，都要互相尊重和包容。

你知道嗎？

　　其實早在 1920 年，就有一個售賣賀卡的美國商家提出要訂立友誼日，藉此進行賀卡推銷活動，但成效不大。現在，因為環保的考量，人們已改用電子賀卡了。

為什麼長洲居民會舉行太平清醮？

A

祈福。

B

祭祀祖先。

C

吸引遊客到長洲遊玩。

選一選，哪個小朋友答得對？

107

答案 A

　　每年農曆四月初八，長洲都會舉行太平清醮，居民藉此祈求來年事事順利。這個節日的活動——飄色巡遊和搶包山，因為別具特色，所以獲美國《時代雜誌》網站選為「全球十大古怪節日」之一。

你知道嗎？

　　飄色巡遊在白天舉行，由小孩裝扮成古今中外的人物或傳說中的角色，站在設有特製支架的花車上，由大人推着穿梭長洲大街小巷。

為什麼聖誕老人要送禮物？

A

把不要的東西轉送他人。

B

讓人感受愛和分享。

C

讓人知道聖誕老人是真實存在。

選一選，哪個小朋友答得對？

答案 B

　　美國有一所聖誕老人訓練學校，學員要在訓練學校學習很多東西，當中最重要的是學習如何「送禮物」，原因是學校希望聖誕老人能讓孩子明白禮物真正的意義是在於愛和分享。

你知道嗎？

　　除了學習「送禮物」，聖誕老人還要熟悉聖誕老人的歷史，學習其談吐舉止、標準笑聲、唱頌詩歌、製作玩具、照顧馴鹿等等，學習的範圍十分廣泛呢！

為什麼春節有時在 1 月，有時在 2 月？

因為商場還未準備好裝飾而延期。

因為春節是按農曆來計算的。

由市民投票決定。

選一選，哪個小朋友答得對？

答案 B

　　農曆跟新曆的曆法不同，農曆是按月亮圓缺周期而訂，一年約 354 天，與新曆相差 11 天。因為春節的日子會不斷往前推 11 天，所以人們會在農曆加入閏月，把春節維持在 1 月 21 日至 2 月 21 日之間。

你知道嗎？

　　傳說，一隻吃人和禽獸的年獸從海裏跑出來殘害百姓。後來人們發現年獸害怕紅色、噪音和火光，便會在門上貼上紅紙、燃燒爆竹以嚇走年獸，這就成了春節放鞭炮、貼春聯的習俗了。

什麼是「人日」？

A

所有人的生日。

B

為不知誕辰的孤兒定立的生日。

C

黃帝的生日。

選一選，哪個小朋友答得對？

答案A

　　傳說，女媧是從年初一開始創造生物。年初一創造的是雞，年初二是狗，然後是豬、牛、羊、馬，最後，到了年初七就是人。所以，初七又稱為「人日」，即是所有人的生日的意思。

你知道嗎？

　　古時候，人們在年初一至年初六都不會宰殺當天生日的動物，而在年初七「人日」，官府也不會對囚犯用刑。

粵語

普通話

為什麼有鼠年，沒有貓年？

鼠咬天開辟取第一

A 傳說貓拒絕了當十二生肖。

B 古時的中國沒有貓。

C 古人認為貓是邪惡的。

選一選，哪個小朋友答得對？

古時的中國沒有貓，貓是由外國傳到中國的。而且，貓傳入中國的時候，十二生肖已經存在，所以中國並沒有貓年。

你知道嗎？

傳說中，聰明的老鼠知道參加生肖大賽的動物中，跑得最快的是黃牛。比賽時，老鼠悄悄跳到黃牛的角上。當牠們快到終點時，老鼠立刻跳到終點處，於是老鼠便成了十二生肖的首位。

為什麼豬是德國新年的吉祥物？

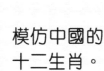

A 模仿中國的十二生肖。

B 豬在德國象徵富有、幸運。

C 傳說豬為德國人趕走災禍。

選一選，哪個小朋友答得對？

答案 B

　　在古時候，如果人們擁有很多豬隻，那便代表他們很富有，也不用捱餓，因此豬在德國有很正面的形象。每到新年，德國人會贈送一種傳統甜點給親朋好友，叫做「幸運豬」。

你知道嗎？
　　時至今日，假如你遇上了什麼好運的事情，德國人甚至會跟你說「你得到一隻豬」呢！

粵語　普通話

為什麼天燈可以飛上天？

A
因為利用了會飛的昆蟲。

B
因為強風吹起了天燈。

C
因為燈裏點起了火。

選一選，哪個小朋友答得對？　

答案C

天燈用鐵絲或竹子製成支架,再在上面糊上油皮紙。放天燈前,就在支架的中心位置點燃沾有煤油的粗布,燈籠裏的空氣受熱膨脹,所產生的熱力便會讓天燈緩緩升空。

你知道嗎?

天燈,又稱為「孔明燈」,相傳是諸葛亮所發明,他算準風向,製成能飄浮在空中的紙燈籠,用來傳遞軍事信息。

 粵　粵語
 普　普通話

什麼是「漂書點」？

A 交換圖書的地方。

B 把不要的圖書捐贈的地方。

C 廢紙回收的地方。

選一選，哪個小朋友答得對？

121

答案 A

　　漂書的意思是圖書漂流，目的是鼓勵人們分享閱讀。人們可以把不再閱讀的圖書送到漂書點，讓其他人自由取閱，而自己也可以在漂書點選擇喜歡的圖書帶回家去。

你知道嗎？

　　圖書漂流，起源於上世紀 60、70 年代的歐洲，人們會把自己讀完的書貼上特定的標籤，然後隨意放在不指定的公共場所，讓撿獲這本書的人可以取走免費閱讀。

為什麼「壽司」會叫作「壽司」？

A

因為吃了使人「長壽」。

B

按照日語直譯過來。

C

這是發明者的名字。

選一選，哪個小朋友答得對？

答案 B

外來的字詞稱為「外來詞」，即是從其他語言吸收過來的字詞，是在文化交流下而產生的。我們常吃的「壽司」，便是從日語引用而來的。

你知道嗎？

我們日常生活中，有很多東西都以外來詞命名，例如廣東話中的的士 (taxi)、士多啤梨 (strawberry) 都是按英語的發音直譯過來的。

粵 普
粵語 普通話

古人怎樣記載文字？

A

用火燒出字
的痕跡。

B

用草編織成
字。

C

在竹簡、甲骨
上雕刻。

選一選，哪個小朋友答得對？

A B C

答案 C

古人多利用龜甲或牛肩骨（稱為甲骨）、竹簡、絹等材料來記載文字。可是，這些材料作為書寫工具都有很多缺點。甲骨、竹簡很笨重；絹雖然輕便，成本卻非常昂貴。

你知道嗎？

據說，中國人在西漢時期發明了紙。後來到了公元 105 年 (東漢時期)，蔡倫大大改良了造紙術，從此便可以大量造出適合書寫、價格便宜的紙。

為什麼土耳其的「鳥村」會以口哨聲溝通？

A
居民都不會說話。

B
居民崇拜鳥類，所以刻意模仿。

C
那裏地勢崎嶇，口哨聲容易傳遞。

選一選，哪個小朋友答得對？

答案 C

居民以類似鳥叫的聲音吹口哨來溝通，是因為那裏地勢崎嶇，跟人見面說句話也要上山下谷，而清脆悅耳的口哨聲輕易就能把話語傳送到遠處。他們會用「鳥語」打招呼、邀約和求援等等。

你知道嗎？

「鳥語」至少有四百多年歷史，但卻面臨失傳的危險，人們正透過開班授課、舉辦「鳥語」比賽等方法來保存這種獨特的語言。

為什麼一些電視節目的下方會有人不斷做手勢？

A 電視台錯誤轉駁幕後指揮畫面。

B 把內容傳遞給屏幕前的聽障人士。

C 提示電視訊號接收不良。

選一選，哪個小朋友答得對？

129

答案 B

一些電視節目的下方，會有一位工作人員不斷地做出不同的手勢。這些人是手語主播，他們通過使用這種無聲的語言，將節目內容傳遞給屏幕前的聽障人士。

你知道嗎？

根據統計署的數字顯示，香港聽覺困難者已超過 15 萬人。他們在日常生活中會有很多的不方便，我們要多多關注和體諒。

為什麼古人會在九龍建鹽場？

A 九龍較多平地。

B 九龍較接近海邊。

C 九龍較需要鹽。

選一選，哪個小朋友答得對？ Ⓐ Ⓑ Ⓒ

答案 B

古時候，鹽商要先把海水引入蒸發池，以太陽曬乾水分，待剩下極高鹽分的鹵水後，便把鹵水放入鍋中燒煮數小時，最終便會得到鹽。所以，他們要找一個近海的地方定居。

你知道嗎？

古時候的九龍，海盜不時會到岸邊搶掠，很多居民都受到騷擾，朝廷便在那裏興建衙門來維持治安。至今，九龍仍舊有「衙前圍道」，這條街道便是古時通往衙門的路。

粵語　普通話

為什麼灣仔的日街會叫作「日街」？

A

附近曾有發電廠，日代表電力帶來光明。

B

曾有一名叫「張日」的官員住在附近。

C

那裏地勢較高，像能用手接觸天上的太陽。

選一選，哪個小朋友答得對？

答案 A

　　在 1900 年代，那裏曾設有香港第一座發電廠，當時人們以《三字經》中「三光者，日月星」來命名附近的街道，以比喻電力帶來光明。

你知道嗎？

　　從前的「遴選街名委員會」編寫了香港的街道命名指引，指引中提及「街」用於市區樓宇前面的路，如廟街、正街等；「道」用於市區或新界大路，如駱克道、龍翔道等。

粵語　普通話

為什麼鑽石山會叫作「鑽石山」？

A

那裏原是出產鑽石的地方。

B

「鑽石」是指把岩石鑽開。

C

住在那裏的居民很富有。

選一選，哪個小朋友答得對？

答案 B

　　坊間對鑽石山的名字由來有多種說法，其中一種較多人說的是指「鑽」字是動詞，鑽石山的意思是把岩石鑽開，而鑽石山的英文名稱從中文直釋過來。

你知道嗎？

　　香港還有很多有趣的地方名字，例如金鐘的名字由來，是因為這個地方從前是英國海軍的基地，裏面的一棟大樓門前掛着一個金色的銅鐘，每到午膳和放工時間便會鳴響。

為什麼赤柱會叫作「赤柱」？

YIUCHEUNG/shutterstock.com

那裏曾有一座紅色的柱子。

那裏曾有很多鮮紅色的木棉花。

那裏曾有一所外牆紅色的家具廠。

選一選，哪個小朋友答得對？

137

答案 B

　　赤柱並沒有什麼著名的紅色柱子，傳說中，赤柱曾經有很多木棉樹，樹上的木棉花是鮮紅色的，遠遠觀看的時候，就像看到一些紅色的柱子，所以人們才把這個地方叫作赤柱。

你知道嗎？

　　從前，官員認為赤柱人口多，百業興盛，本有意把她發展成金融中心，可惜後來赤柱受到痢疾威脅，重點才轉到北岸的維多利亞區域，即現今中環一帶。

粵語　普通話

為什麼張保仔要建張保仔洞？

A

想建造一個遊樂場所。

B

進行不法交易的地方。

C

躲避追捕的藏身之處。

選一選，哪個小朋友答得對？

答案 C

　　張保仔是中國古代的一名大海盜，據說他會把搶劫到的財物都藏在沿海的山洞裏，最為人熟知的就是位於長洲的張保仔洞。相傳那裏是他躲避追捕的藏身地方，也是他收藏財物的地點。

你知道嗎？

　　張保仔的名號十分響亮，有一艘香港紅色的觀光船也以他命名，叫做「張保仔號」。

粵語　普通話

為什麼明朝皇帝朱厚照不許百姓養豬？

A

他覺得養豬不衞生。

B

他認為養豬是對他不恭敬的行為。

C

他愛豬，不忍心百姓殺豬、吃豬。

選一選，哪個小朋友答得對？

答案 B

明朝皇帝朱厚照認為明朝皇帝都姓朱，與「豬」同音，而他本人的生肖更是屬豬，因此他認為養豬、殺豬、吃豬這些行為，是對他不恭敬，於是下令不許百姓養豬。

你知道嗎？

當時，在百姓知道禁令後，都馬上把家中的豬殺掉賣掉，結果皇宮要進行祭祖時，也沒有豬肉可用，朱厚照才取消禁令呢！

粵語

普通話

歷史文化篇

為什麼紫禁城的「玄武門」要改名？

故宮博物院

A

跟其他門的名字重複了。

B

其中一位皇帝的原名中有「玄」字。

C

「玄」指黑色，跟紅色的城牆不配合。

選一選，哪個小朋友答得對？

ⒶⒷⒸ

143

答案 B

　　皇帝的名字，是其他人、物不可用的。清代的康熙皇帝原名叫「玄燁」，所以紫禁城的「玄武門」，便要改名「神武門」。

你知道嗎？

　　不能跟皇帝同名的情況，並非只出現在清代。例如宋太祖趙匡胤、宋太宗趙匡義本是兩兄弟，哥哥當了皇帝後，弟弟便改了名為趙光義。

我問你答幼兒十萬個為什麼（生活科學篇）

編　　者：新雅編輯室
繪　　圖：ruru lo Cheng
責任編輯：黃偲雅
美術設計：許鍩琳
出　　版：新雅文化事業有限公司
　　　　　香港英皇道499號北角工業大廈18樓
　　　　　電話：（852）2138 7998
　　　　　傳真：（852）2597 4003
　　　　　網址：http://www.sunya.com.hk
　　　　　電郵：marketing@sunya.com.hk
發　　行：香港聯合書刊物流有限公司
　　　　　香港荃灣德士古道220-248號荃灣工業中心16樓
　　　　　電話：（852）2150 2100
　　　　　傳真：（852）2407 3062
　　　　　電郵：info@suplogistics.com.hk
印　　刷：中華商務彩色印刷有限公司
　　　　　香港新界大埔汀麗路36號
版　　次：二〇二三年三月初版
　　　　　二〇二四年十月第三次印刷

ISBN: 978-962-08-8136-7
© 2023 Sun Ya Publications (HK) Ltd.
18/F, North Point Industrial Building, 499 King's Road, Hong Kong
Published in Hong Kong SAR, China
Printed in China

鳴謝：
本書部分相片來自 Pixabay (https://pixabay.com)
本書部分照片由 Shutterstock (www.shutterstock.com) 許可授權使用：
p.47, 75, 97, 137, 139